Léonce de Lavergne

Les
Animaux
reproducteurs

Essai

Le code de la propriété intellectuelle du 1er juillet 1992 interdit en effet expressément la photocopie à usage collectif sans autorisation des ayants droit. Or, cette pratique s'est généralisée dans les établissements d'enseignement supérieur, provoquant une baisse brutale des achats de livres et de revues, au point que la possibilité même pour les auteurs de créer des œuvres nouvelles et de les faire éditer correctement est aujourd'hui menacée. En application de la loi du 11 mars 1957, il est interdit de reproduire intégralement ou partiellement le présent ouvrage, sur quelque support que ce soir, sans autorisation de l'Éditeur ou du Centre Français d'Exploitation du Droit de Copie , 20, rue Grands Augustins, 75006 Paris.

ISBN : 978-1546523987

10 9 8 7 6 5 4 3 2 1

Léonce de Lavergne

Les Animaux reproducteurs

Essai

Table de Matières

Les Animaux reproducteurs

De toutes les parties de l'exposition universelle, celle qui a le plus complètement atteint son but est la plus neuve, celle des animaux reproducteurs. Sous des tentes très bien disposées au Champ-de-Mars se rangeaient dans un ordre parfait 1, 600 animaux, dont un tiers environ venu des pays étrangers. On n'avait encore vu nulle part, même en Angleterre, un pareil assemblage. Les expositions anglaises, si belles, si complètes, ne contiennent que des animaux anglais. Ici on a pu comparer entre elles les principales races nationales et étrangères, représentées par des échantillons supérieurs. Les Anglais surtout ont bien fait les choses : ils avaient amené leurs plus beaux types, et le nom de leurs premiers éleveurs a retenti dans la distribution des prix tout aussi bien qu'aux derniers concours de Glocester ou de Lincoln. De notre côté, c'est bien quelque chose que d'avoir mis en ligne 1,000 têtes de choix appartenant à nos variétés nationales ; une telle réunion eût été impossible il y a quelques années.

Ce résultat est dû, il faut le reconnaître, au système suivi avec persévérance par l'administration de l'agriculture. J'aime assez peu en général l'ingérence de l'autorité dans les matières industrielles et agricoles, mais il n'y a pas de règle sans exception, et quand l'initiative personnelle fait défaut, il n'est pas mal que l'action publique la remplace. L'administration a commencé par la base : elle a institué d'abord des concours régionaux. La France a été partagée en huit régions ; j'en aurais mieux aimé quinze ou seize, car les circonscriptions actuelles me paraissent trop étendues, mais ce n'est là qu'une question de détail ; chaque région a tous les ans son concours spécial d'animaux reproducteurs, qui se tient tantôt dans une ville, tantôt dans une autre, pour faciliter à tous les points du territoire l'accès de ces solennités champêtres ; puis à Paris a lieu un concours général, qui tend a réunir les animaux primés dans les concours régionaux ; une somme de 150,000 fr. environ, portée maintenant à 250,000 par l'établissement du concours universel, et suffisante pour exciter l'émulation sans imposer une charge sérieuse aux contribuables, se distribue en prix. Cette organisation a réussi.

Léonce de Lavergne

Je ne dis pas que ce succès soit bien profond : il commence à peine, il n'a pas eu le temps de se généraliser ; tout est concentré encore dans un petit monde plus ou moins officiel, et l'effet réel sur la production nationale est jusqu'ici peu sensible. Il faut du temps pour tout, pour l'agriculture en particulier, qui marche d'autant plus lentement qu'elle a de plus grands intérêts à remuer. Cependant chaque année on fait un pas ; les vrais cultivateurs arrivent peu à peu, le nombre des animaux exposés dans chaque région s'accroît, leur qualité s'améliore, une discussion publique s'établit sur les meilleurs moyens de tirer du bétail le plus grand profit, les idées pénètrent et s'infiltrent goutte à goutte. Le programme des concours se perfectionne lui-même par l'expérience, une foule de questions s'y rattachent qui tiennent en éveil les hommes spéciaux. L'année dernière, on a admis les femelles qu'on avait exclues à tort auparavant ; cette année, on a introduit des catégories d'âge qui manquaient ; l'année prochaine, ce sera probablement autre chose, car il y a encore beaucoup à dire. Le principe est bon, c'est l'essentiel.

L'année 1855 marquera dans l'histoire de cette institution naissante. L'idée de l'exposition universelle était une innovation hardie ; si elle avait échoué, l'avenir des concours, même nationaux, eut été compromis ; heureusement c'est le contraire qui arrive. On a osé faire payer à la porte pour entrer, et le public n'en est pas moins venu ; 80,000 curieux en trois jours ont apporté leur petit tribut, bien que la chaleur fût excessive, et le théâtre de l'exposition très éloigné du centre de Paris. Dans cette ville de spectacles, le concours d'animaux reproducteurs est désormais un spectacle de plus, accueilli et recherché par la foule. On peut considérer l'institution comme fondée, ce dont il faut toujours se féliciter dans un pays capricieux comme le nôtre. Il entre sans doute beaucoup de frivolité dans cet empressement, le Champ-de-Mars a été encore une fois une annexe de l'hippodrome ; il faut bien prendre le public français comme il est, et le conduire à l'utile par l'amusement, ou, comme disait si bien M. de Chateaubriand, *à la réalité par les songes*.

Essayons quant à nous de nous rendre compte des enseignements sérieux qu'apporte avec elle une exhibition de cette importance. Je n'aborderai que les idées les plus générales ; s'il fallait entrer dans les détails, nous n'en finirions pas. Ce n'est pas d'ailleurs une petite affaire que de se tenir aujourd'hui au courant de cette science nouvelle et grandissante qu'on appelle la zootechnie. Mon ancien collègue à l'Institut national agronomique, M. Baudement, dont cette science est la spécialité, et qui la cultive avec un grand esprit d'observation, peut seul en parler en pleine connaissance de cause. Je ferai le moins possible excursion dans son domaine, et je chercherai surtout le coté économique du sujet, qui m'est le plus familier.

La zootechnie est avant tout une division de la physiologie. Elle recherche comment il faut s'y prendre pour faire avantageusement de la viande, du lait, de la laine, de la force vivante, de l'agilité, enfin tout ce qu'on demande aux diverses espèces animales. Elle doit étudier les fonctions de la respiration, de la digestion, dans toutes les situations données, avec leurs effets sur la production. Elle a besoin d'immenses travaux anatomiques, pour constater positivement l'influence des conditions extérieures sur les organes, et l'action spéciale de chaque organe sur chaque produit déterminé. Dans les conditions extérieures sont comprises, avec les climats et les soins hygiéniques, toutes les variétés d'alimentation ; de là des études de physiologie végétale très compliquées, pour connaître la nature et l'effet de chaque aliment. On peut pressentir par là le nombre et la gravité des problèmes que la zootechnie se pose, et dont la solution profitera quelque jour à l'espèce humaine, car il y a de grands rapports entre l'animal et l'homme ; on doit comprendre aussi quelle réserve il convient de s'imposer pour en parler, quand on n'est pas soi-même physiologiste.

Si l'exposition avait été véritablement universelle, ce n'est pas un coin du Champ-de-Mars, c'est le Champ-de-Mars tout entier qui aurait à peine suffi pour la contenir. La seule Europe renferme peut-être cent races distinctes de bêtes à cornes et un nombre plus grand encore de races ovines ; la France à elle seule en possède un quart ou un tiers, quoiqu'elle soit loin d'occuper une place correspondante sur la carte. Depuis le petit bœuf du Morvan et la petite vache bretonne jusqu'aux colosses du Cotentin ou de l'Agenais, depuis le mouton rabougri des Landes ou des Ardennes jusqu'au flandrin et au mérinos perfectionné, nous avons une variété de types suffisante pour offrir à l'observation un champ indéfini. C'est qu'en effet les races d'animaux domestiques, souples et malléables comme Dieu les a faites, se moulent avec une docilité merveilleuse sur les besoins et les ressources des lieux où elles vivent.

Deux sortes de circonstances influent sur la constitution d'une race, les conditions physiques ; comme la nature du sol et du climat, et les conditions économiques, comme l'état des capitaux et des débouchés. De là cette immense diversité, car les combinaisons possibles de ces deux grands éléments sont innombrables : — plaines et montagnes, rochers et marécages, terres granitiques, calcaires, argileuses ou siliceuses, soleil d'Andalousie ou de Norvège, climats excessifs ou tempérés, secs ou humides, variables ou constants. Et quand à cette multitude de régions naturelles que forment les différences de latitude, d'altitude, de composition géologique, viennent s'ajouter les différences non moins sensibles qui proviennent de l'histoire politique ; du développement de la population et de la culture, de l'état de la civilisation, on devine ce qui doit en résulter. Les conditions physiques agissent directement sur ce que, dans la langue scientifique ; on appelle l'*offre*, les conditions économiques sur ce qu'on appelle la *demande*, et de l'action réciproque de l'*offre* et de la *demande*, c'est-à-dire des ressources de la production et des besoins de la consommation, naissent les familles locales.

Mais si la nature des choses le veut ainsi, l'art de l'homme n'est pas désarmé. Il peut agir sur la demande par l'ouverture de nouveaux débouchés, il peut modifier l'offre par la création de nouveaux moyens de production, il peut enfin chercher les procédés les plus sûrs et les plus rapides pour proportionner la demande à l'offre ou l'offre à la demande. Tous ces effets se produisent d'eux mêmes avec le temps ; mais l'homme peut les précipiter, les diriger, quand il sait bien se rendre compte du but qu'il veut atteindre et du chemin qu'il faut suivre pour y arriver. De là l'intérêt de ces concours et leur utilité réelle, bien qu'ils ne présentent pas toujours le tableau complet des faits existants. C'est moins ce qui est que ce qui peut et doit être qu'il s'agit de savoir. Parmi les innombrables espèces d'animaux domestiques répandues sur la surface de l'Europe, les trois quarts n'ont pas d'importance, en ce sens que, si elles sont aujourd'hui ce que veulent les circonstances locales, ces circonstances peuvent changer demain ; ce qui importe, ce sont les types supérieurs dans tous les genres, ceux dont, les autres doivent se rapprocher le plus possible, et ces types sont peu nombreux. La connaissance de tous n'est nécessaire que pour faire apprécier les difficultés de toute amélioration, la lutte du présent contre l'avenir et du fait contre l'idée. Sous ce point de vue, l'exposition était à peu près suffisante ; il n'y avait que peu de lacunes.

D'abord venait l'espèce bovine, représentée par 500 têtes, moitié françaises, moitié étrangères. C'était un spectacle magnifique que ces longues files de beaux animaux, d'une taille énorme pour la plupart, et, comme dit Virgile dans sa langue incomparable, *corpora magna boum*. Ils étaient divisés par races, d'après le programme. La question du mode de classement n'est pas une des moindres de ces concours ; on a critiqué la division par races, on a proposé en échange celle de *variétés de boucherie, variétés de travail, variétés laitières* ; ce serait évidemment plus conforme à la théorie, mais les faits actuels commandent, à mon sens, l'autre division. La Société royale d'agriculture d'Angleterre l'a adoptée. Les races sont des faits considérables, anciens, résultant de conditions matérielles qu'il n'est pas toujours possible de changer de fond on comble, et qui dans tous les cas résistent au changement ; ces faits présentent à l'esprit une idée nette, facile à saisir, qui concorde avec les circonscriptions géographiques de province ou de nationalité, et qui réveille des souvenirs historiques ou pittoresques. La division par races n'a d'ailleurs rien d'exclusif et de systématique, quand on encourage dans chaque race les perfectionnements et qu'on ne repousse pas les croisements eux-mêmes.

La perfection d'un animal réside sans doute dans l'organisation la mieux adaptée à sa destination spéciale ; mais les ressources manquent quelquefois pour lui donner complètement cette organisation, et d'un autre côté le débouché peut être ici que la destination la plus profitable soit mixte. Le principe de la *spécialisation*, qui est sans aucun doute celui du progrès, reçoit alors un double échec. Des trois spécialités indiquées, il en est une, le travail, dominante aujourd'hui, qui est destinée à disparaître plus ou moins. C'est déjà faire une concession que de l'admettre au nombre des qualités primées ; la concession est même plus grande, car tout en acceptant les races on peut primer exclusivement dans chacune d'elles les qualités de boucherie et de laiterie. Le travail des bêtes bovines est le signe d'une situation arriérée : il faut bien l'accepter

quand on ne peut pas faire autrement, et la division par races sa-
tisfait à cette nécessité, puisque celles qui ne travaillent pas ne sont
pas admises à concourir avec celles qui travaillent ; mais il est bon
de ne jamais le reconnaître comme fondamental et définitif.

Les races étrangères, et surtout les races anglaises, avaient à l'exposition une supériorité marquée sur les nôtres. Pourquoi ? J'ai
déjà essayé de le dire ici, je n'y reviendrai pas. Au premier rang
de ces espèces améliorées se trouvait celle à *courtes-cornes* ou de
Durham. Tout le monde connaît maintenant, au moins de nom,
cette race célèbre qui offre le type le plus parfait du bœuf de boucherie. L'expérience ayant démontré que la facilité à se mettre en
chair et à s'engraisser tenait surtout à l'appareil respiratoire, ces
bœufs se distinguent par la profondeur de leur poitrine. On admire
en même temps la petitesse de leurs os et l'énorme développement
des parties de leur corps qui donnent la viande la plus estimée.

Depuis quelques années, la race de Durham tend évidemment
à se répandre en France. Sur les cinq cents animaux présents au
Champ-de-Mars, une centaine environ appartenaient à cette race
pure, et sur ces cent, la moitié étaient nés chez nous. Le premier
prix a été obtenu par un taureau né en Angleterre chez un des
plus grands éleveurs du Wiltshire, mais acheté, importé en France
et présenté au concours par M. le marquis de Talhouet, propriétaire dans la Sarthe. Les deux vacheries nationales du Pin (Orne)
et du Camp (Mayenne), qui en avaient exposé une vingtaine hors
concours, ne sont plus seules à en avoir, et puisque l'industrie pri-
vée a commencé à s'en emparer, on peut dire que la race est désormais naturalisée.

Il n'y a pas beaucoup plus de dix ans que l'on s'en occupe sérieusement. Outre les établissements de l'état, l'honneur de cette initiative appartient surtout à deux éleveurs qui se sont longtemps
partagé les prix, M. le marquis de Torcy (Orne) et M. de Béhague
(Loiret). Malheureusement ils étaient l'un et l'autre, M. de Béhague
surtout, placés dans des contrées qui se prêtaient peu à l'introduc-
tion d'animaux perfectionnés. Le Loiret est en général un pays peu
fertile et peu riche, voisin de régions plus disgraciées encore, où la
culture ne fait que de lents progrès. L'Orne est dans des conditions
meilleures, mais là se présentait un autre genre de difficultés, l'exis-
tence d'une race indigène, ancienne et estimée, qui n'a pas cédé

la place aisément. Ces deux circonstances ont fait que, pendant plusieurs années, les *courtes-cornes* ne se sont pas répandus ; les étables de MM. de Torcy et de Béhague n'étaient que des exceptions brillantes.

La question semble résolue aujourd'hui, mais sur un autre point. Les départements de la Mayenne et de Maine-et-Loire sont au nombre de ceux qui, par des circonstances particulières, ont fait dans ces derniers temps les plus grands progrès agricoles. Un des éléments les plus actifs de l'heureuse transformation qui s'y opère a été l'essai du sang durham. Cette contrée possédait une race particulière, la mancelle, qui n'avait pas d'assez grandes qualités pour lutter, et qui parait destinée à s'absorber rapidement. Les autres conditions agricoles et économiques se sont rencontrées. Aujourd'hui, la race courtes-cornes y pénètre jusque chez les simples métayers. Ce beau résultat est dû surtout à un homme qui soutient avec une rare énergie et une grande originalité d'esprit une véritable croisade en faveur des durham, M. Jamet, ancien représentant ; il a été aidé dans ses efforts par l'habile directeur de la vacherie publique du Camp, et par un propriétaire du pays que d'autres genres de succès avaient illustré, M. de Falloux.

L'Anjou parait donc devoir être pour la France ce qu'est en Angleterre le nord du Yorkshire, le centre de la production des *courtes-cornes*. L'émulation s'en mêle ; tous les jours on apprend que, dans les ventes des étables les plus renommées d'Angleterre, des échantillons distingués ont été achetés par des propriétaires angevins, et à des prix élevés. Notre *herd-book* Français s'enrichit ainsi rapidement des noms les plus célèbres du *herd-book* anglais, dont les descendants viennent chez nous faire souche.

Pour l'acclimatation, au moins dans la région du nord-ouest, il ne peut rester le moindre doute, quand on a vu les animaux exposés cette année, tant par des éleveurs privés que par les vacheries publiques. Je ne crois pas qu'il puisse y avoir de plus beaux types. Ceux qui avaient été amenés d'Angleterre par le prince Albert, lord Feversham, lord Talbot, M. Richard Stratton, etc., n'étaient pas sensiblement supérieurs. Plusieurs générations se sont succédé déjà sur notre sol, sans qu'on ait vu la moindre apparence de dégénérescence ; nous pouvons dire que nous possédons, même pour la race pure, de quoi rivaliser. Quant aux croisements, c'est toute une carrière nouvelle dont il est impossible de prévoir le terme. Déjà de nombreux essais ont été faits avec des succès divers ; une cinquantaine d'animaux appartenant à diverses catégories de croisements figuraient au Champ-de-Mars.

Je ne veux pas entrer ici dans la grande question du croisement et du métissage qui se débat en ce moment, et qui est à coup sûr une des plus obscures et des plus ardues de la zootechnie. Je dirai seulement que toute solution systématique me parait dangereuse ; je ne voudrais ni proscrire ni recommander en principe la formation de races intermédiaires, tant que l'expérience n'aura pas prononcé. Ce qu'il y a de sûr, c'est que, pour quelques exemples du moins, le métissage paraît en voie de réussir. Il y avait à l'exposition des durham-charolais, des durham-flamands, des durham-normands, des durham-manceaux, des durham-lorrains, des durham-bretons, des durham-suisses, qui semblaient fournir des arguments péremptoires en faveur de semblables tentatives. Ce n'est pas que les races pures ne me paraissent en général préférables, quand on peut s'y tenir : avec elles, on sait ce qu'on fait ou à peu près, tandis qu'avec les croisements et les métissages on marche dans le vague et l'inconnu ; mais, dans ces situations mixtes où l'on veut commencer à sortir de l'ornière sans avoir les moyens de tout changer à la fois, je ne puis m'empêcher de croire que les croisements ont leur valeur, valeur le plus souvent transitoire, j'en conviens, comme la situation qui les provoque, mais qui peut aussi devenir fixe et permanente par la création d'une sous-race, quand les circonstances s'y prêtent, c'est-à-dire quand les deux familles qu'il s'agit d'accoupler ont entre elles des affinités suffisantes pour s'allier intimement.

On dit que des raisons physiologiques s'opposent à la fusion réelle et profonde des races, et que si un individu né d'un premier croisement présente en apparence un terme moyen entre le père et la mère, ce n'est pas une raison suffisante pour le croire apte à fonder une sous-race réunissant toujours les mêmes caractères. L'expérience prouve en effet que cette création rencontre des difficultés ; l'influence des aïeux est si puissante qu'elle reproduit purement et simplement la plus ancienne des deux races après deux ou trois générations issues d'un seul croisement ; et, ce qui est pire encore, le mélange des germes amène souvent des résultats monstrueux qui déconcertent tous les calculs. Que conclure de ces observations ? Qu'il faut être très prudent avant de rien entreprendre de pareil ; mais de ce que le métissage est difficile, je ne puis en conclure qu'il soit impossible. Les races les plus fixes et les plus précieuses ; comme celle des bœufs *courtes-cornes* eux-mêmes, sont les produits d'un métissage bien fait. Autrefois on croisait à tort et à travers, sans savoir précisément ce qu'on voulait faire ; on est un peu plus avancé aujourd'hui : c'est une raison pour qu'on réussisse plus souvent. Il est d'ailleurs à remarquer que les adversaires du métissage ne proscrivent pas les croisements en général ; ils admettent les bons effets d'un premier croisement, ce qui est déjà considérable, et ils recommandent l'absorption d'une race inférieure par une supérieure, au moyen de l'emploi continu de mâles de la seconde ; ils ne contestent que la formation de races intermédiaires, ce qui est en effet chanceux.

Dans le nord-ouest, où la race bovine est généralement exclue du travail, on peut, je crois, introduire à peu près partout le sang durham avec avantage. Je dirai même que, dans beaucoup de cas, j'aime mieux le croisement que la race pure ; le durham a d'éminents avantages, mais il a un défaut, surtout pour nous Français : sa viande est d'une qualité inférieure et trop chargée de graisse. Quand il perdrait un peu de sa précocité pour gagner une saveur plus appropriée à nos goûts, il n'y aurait pas grand mal. C'est ce qu'on obtient par des croisements avec les races qui donnent chez nous les meilleures qualités de viande. — Quant à nos espèces du midi, à celles de montagne et en général à celles qui travaillent, c'est tout autre chose. Il est bon d'y regarder à deux fois avant de les croiser. C'est là surtout que l'entreprise du métissage me paraîtrait illogique et dangereuse ; tout au plus peut-on essayer, quand on se trouve dans des circonstances exceptionnelles, d'un premier croisement. Le plus sûr est de s'en tenir à la race locale, en l'améliorant autant que possible par elle-même, c'est-à-dire en se servant de reproducteurs de choix. Il faut se garder d'altérer mal à propos le tempérament nécessaire à la principale destination des animaux par un mélange avec des races molles et lymphatiques créées pour d'autres besoins.

Cette réserve faite, la part qui reste chez nous à la race de durham est encore belle. Elle peut s'implanter dès à présent dans un quart de la France, soit comme race pure, soit comme source féconde de croisements et de métissages, et dans l'avenir elle pourra pénétrer partout où le travail de l'espèce bovine reculera. Elle promet d'augmenter notablement notre production en viande de boucherie. Sans les établissements de l'état, tels que le Pin, le Camp, l'Institut agronomique, elle aurait été plus lente a se répandre ; c'est un service important que l'agriculture française doit à ces établissements, et qui prendra rang un jour à côté de ceux qu'a rendus dans d'autres temps la bergerie nationale de Rambouillet.

Auprès des durham, les autres races bovines anglaises perdent beaucoup de leur intérêt. Celles de Hereford et de Devon étaient représentées à l'exposition par une trentaine d'animaux presque tous venus d'Angleterre. C'est lord Berwick qui a en le prix des *hereford* et M. George Turner celui des *devon* ; ces deux éleveurs sont en effet aujourd'hui les premiers de l'Angleterre pour ces deux races, et remportent les prix dans les concours nationaux. Comme importation, elles ont l'une et l'autre peu de succès, et je ne crois pas qu'elles soient destinées à en avoir jamais beaucoup ; mais comme exemples, elles méritent l'attention, en ce qu'elles montrent comment d'anciennes races de travail, qui ne sont pas toujours dans les meilleures conditions d'alimentation, peuvent être transformées, par des soins persévérants, pour acquérir presque des qualités égales à celles des durham. Il n'existe pas de meilleurs modèles ; ceux de nos éleveurs qui ont entrepris d'améliorer nos races par elles-mêmes, n'ont rien de mieux à faire que d'étudier et d'imiter. J'en dirai autant de la race noire sans cornes, dite d'Angus, que représentait on magnifique animal envoyé par lord Talbot ; on a donné un prix à lord Talbot pour cette unique tête, et on a eu bien raison.

Comme on voit, les Anglais eux-mêmes ne mettent pas partout du sang durham. Ils ont conservé un petit nombre de races locales qui se perfectionnent et se développent à part. Depuis quelque temps, les durham gagnent du terrain ; presque partout, même en Ecosse, on commence à les voir pénétrer dans des contrées qui leur avaient été fermées jusqu'ici, à mesure que le *high farming* fait des progrès. Néanmoins on peut affirmer que de longtemps ils n'envahiront la Grande-Bretagne tout entière ; ils ne peuvent prospérer véritablement que dans des conditions qui, même en Angleterre, ne se rencontrent pas toujours. L'amour-propre local résiste, aussi bien chez nos voisins que chez nous. L'Ecosse tient à ses bœufs noirs sans cornes comme au costume pittoresque de ses montagnards ; ils font partie de ses traditions et de son histoire ; leur disparition devant les durham serait pour elle comme une nouvelle conquête. Le nord du Devonshire n'a pas tout à fait les mêmes raisons patriotiques, mais cette jolie race est une des plus élégantes qui existent ; elle est parfaitement appropriée au sol et arrivée à un haut point de perfection. Les hereford persistent par d'autres causes ; ils s'élèvent dans une région déterminée, et vont s'engraisser ailleurs, comme il arrive à beaucoup de nos variétés françaises. Toutes trois sont des races de montagne, et, dans leur lutte contre le durham, elles ont un avantage que j'ai déjà signalé chez plusieurs des nôtres, la qualité de leur viande. Dans la plupart des fermes anglaises appartenant à des grands seigneurs, on engraisse des durham pour la vente, mais on a des angus ou des devon pour la table du maître.

Il est cependant une race anglaise qui parait reçue chez nous avec autant de faveur que les durham, je veux parler de la race laitière du comté d'Ayr en Ecosse. 30 de ces animaux figuraient à l'exposition, presque tous nés en France ou appartenant à des Français, 3 provenaient du domaine impérial de Villeneuve-l'Étang, où leurs parents avaient été transportés après la destruction de l'Institut agronomique ; les autres avaient été présentés par trois amateurs principaux qui se sont partagé les prix, M. le marquis de Vogué, M. le marquis de Dampierre, et M. F. Bella, directeur de l'école d'agriculture de Grignon. Le prince Albert avait envoyé une vache. La race d'Ayr n'est connue en France que depuis cinq ans environ ; on voit qu'elle a fait en peu de temps de sensibles progrès. Elle continuera probablement à en faire, car elle a pour elle, outre ses qualités productives, le charme irrésistible de la grâce. Sa supériorité sur les nôtres pour la quantité et la qualité du lait est contestée ; je crois cependant que, somme toute, elle doit l'emporter. L'examen anatomique de ses organes a démontré en elle la meilleure machine organisée pour la production du lait. Si elle a paru quelquefois inférieure à nos cotentines ou à nos flamandes, c'est parce qu'elle est d'une plus petite taille ; elle convient mieux qu'elles à des pays d'une fertilité médiocre, comme ses montagnes natales ; il est vrai que, sous ce dernier rapport, elle rencontre une rivale redoutable dans notre petite race bretonne, mais elle offre plus de ressources pour la boucherie. L'expérience est en bonnes mains, d'ici à peu d'années nous saurons à quoi nous en tenir.

Ici finissent les races anglaises. Deux autres pays étrangers seulement ont pris part à l'exposition, la Hollande et la Suisse. Ce sont en effet les seuls dont les races nationales aient de grands mérites, la Hollande surtout. Je ne vois jamais sans un profond sentiment d'admiration ces magnifiques vaches, que je regarde comme la souche commune du plus beau bétail de l'Europe. Presque tous les caractères que l'art a cherché à reproduire ailleurs se présentent naturellement, et avec une ampleur exceptionnelle, chez ces énormes bêtes, qui donnent à la fois des montagnes de viande et des fleuves de lait, et qui ont inspiré, par leur beauté native, des artistes comme Paul Potter, Berghem ou Ruysdael.

Malheureusement la race pure parait avoir besoin, pour prospérer, des riches pâturages et de l'air salin qui lui ont donné naissance. Quelques importations ont été essayées en France ; elles ont laissé peu de traces. Il en est de même, au moins sur la plus grande partie du territoire, de ces belles espèces suisses de Berne et de Fribourg, qui avaient fourni à l'exposition cinquante animaux de choix ; on ne peut en importer que dans le Jura français, où elles retrouvent à peu près leurs conditions premières. Rien n'est plus regrettable assurément, car ces deux familles sont superbes ; leur aspect fait rêver des digues de la Hollande et des vallées des Alpes, ces premiers boulevards de la liberté moderne ; on se demande par quelle loi mystérieuse les plus beaux produits sont dus aux peuples les plus forts et les plus fiers. Les vaches suisses surtout ont l'air d'avoir, comme leurs pâtres, le sentiment de l'indépendance nationale ; chacune avait suspendue auprès d'elle la cloche qu'elles portent au cou, et qui sert à guider le troupeau au milieu des rochers et des précipices. Il y a quelques années, la race de Schwitz était en France assez en faveur ; on espérait y trouver la meilleure réunion connue du travail, de la viande et du lait. Aujourd'hui les idées ont changé ; on s'attache moins à cette union, qu'on regarde avec raison comme difficile ou même impossible, et on aime mieux des animaux qui poussent très loin une qualité spéciale. L'exposition des schwitz, quoique remarquable, a été reçue avec froideur, peut-être même est-on tombé à leur égard dans un autre excès.

L'Allemagne n'avait rien envoyé, ainsi que le nord et le midi de l'Europe. Il ne parait pas qu'on y ait beaucoup perdu ; on dit cependant du bien de la vache du Tyrol et d'une espèce dite de l'*Allgau*, répandue en Souabe et en Bavière.

Parmi les variétés bovines françaises, il n'y avait que les dix principales, mais ces dix suffisent pour donner une idée générale de nos richesses. En tête venait la race normande ou cotentine, qui comptait 30 animaux, la plus renommée de nos espèces, mais non la plus irréprochable. Depuis longtemps en possession d'alimenter Paris en viande et en beurre, c'est elle qui fournit habituellement le bœuf gras, et pour cette circonstance extraordinaire elle a produit des animaux dont le poids s'est élevé jusqu'à près de 2,000 kilog. Quant au beurre, il suffit de nommer Isigny et Gournay pour donner une idée de sa qualité et de sa quantité. La race normande s'étend sur cinq ou six départements ; elle se partage en deux variétés, la grande, qui est préférée pour la boucherie, et la petite qui est la laitière par excellence. Trois circonstances ont contribué à la développer à ce point, l'excellence des pâturages, l'ancienneté du débouché de Paris, et l'absence a peu près complète de travail. Cependant les connaisseurs lui reprochent de s'être formée d'elle-même, sans que les éleveurs se soient proposé, comme les Anglais, un but raisonné ; il en est résulté que ni la grande ni la petite ne satisfont complètement par leur conformation, quel que soit d'ailleurs leur produit : la grande est encore trop osseuse, elle n'a pas ces formes cylindriques qu'on admire dans les durham, et la petite n'est pas tout à fait aussi bien constituée pour la laiterie que la vache d'Ayr.

On peut porter remède à ces défauts de deux façons, ou par des croisements avec les races anglaises, ou par un choix désormais mieux entendu d'animaux reproducteurs, pris dans la race elle-même. Ces deux procédés sont maintenant employés concurremment. J'ai déjà dit que je préférais le premier comme plus expéditif, et les meilleurs agronomes normands sont de mon avis : le premier prix des croisements a été précisément obtenu parmi durham-normand exposé par M. Grégoire (Orne) ; mais le plus grand nombre préfère le second, et on a déjà obtenu dans cette voie de beaux résultats. Parmi les animaux de race pure présentés à l'exposition, il y en avait une douzaine, déjà primés pour la plupart dans les concours régionaux de Rouen et de Caen, qui ne laissaient plus que peu de chose à désirer. Au fond, le résultat est le même ; le chemin est un peu plus long pour y arriver, mais il est accessible à un plus grand nombre, ce qui est bien quelque chose. Soit pure, soit croisée, la race normande était déjà une des mieux nourries, des mieux exploitées en vue du profit, et elle gardera ces avantages.

J'estime que la Normandie doit produire annuellement environ 100,000 bœufs gras, d'un poids moyen considérable, ou le quart environ de la viande consommée en France. La moitié vient se faire manger à Paris ; le reste sert à la consommation locale. Ces cinq départements nourrissent en outre 500,000 vaches, et leur population bovine doit être en tout d'un million de têtes, ou le dixième de la France entière. Relativement à la superficie, c'est la même proportion qu'en Angleterre, ou une tête sur trois hectares. Outre la Normandie proprement dite, la race cotentine s'étend encore dans les départements qui entourent Paris, et y forme une nouvelle population de 3 à 400,000 têtes, vaches pour la plupart. Ces départements, n'ayant pas de race à eux et n'entretenant de vaches que pour le lait, s'approvisionnent surtout en Normandie, et y ouvrent ainsi un nouveau débouché.

Il n'y avait à l'exposition que cinq échantillons de la race mancelle pure. Cette race a pourtant beaucoup d'importance ; elle fournit de temps immémorial pour le marché de Paris presque autant de bœufs gras que la Normandie, et elle couvre quatre départements des plus riches en bétail. On aura sans doute pensé qu'étant destinée à disparaître, elle ne devait figurer que pour mémoire.

La flamande comptait environ 20 têtes. La Flandre n'a pas tout à fait les mêmes conditions que la Normandie. Beaucoup plus peuplée, elle trouve en elle-même son propre débouché, et, comme tous les pays d'extrême population, elle recherche moins la viande que le lait. La race flamande est principalement laitière ; comme telle, elle est à peu près arrivée à la perfection. Je ne crois pas qu'il soit possible de trouver beaucoup mieux, même dans la race d'Ayr, que la plupart des flamandes exposées. Tout en elles était fin, délicat, féminin, et je suis sûr que leurs douces mamelles laissent facilement échapper plus de 3,000 litres de lait par an. J'aurais, pour mon compte, plus de respect pour la race flamande que pour la cotentine ; je serais plus disposé à la préserver de tout croisement. La Flandre française est un pays plus productif qu'aucune région de l'Angleterre ; nulle part dans le monde il n'y a plus de bétail, et du meilleur, de même que nulle part il n'y a une agriculture plus intensive. Ces deux faits se suivent et sont la conséquence l'un de l'autre. Les cinq départements de la Flandre et de l'ancienne Picardie contiennent 600,000 vaches ; le département du Nord a lui seul en possède près de 200,000. Dans l'arrondissement de Lille, on est arrivé à une tête bovine par hectare, et chacune de ces têtes nourrit une famille : c'est le *maximum* connu de la production. Depuis quelque temps, la vache flamande lutte, comme laitière, sur le marché de Paris, avec la cotentine, et elle doit finir par l'emporter, si celle-ci ne s'améliore pas, car elle lui est réellement supérieure. Elle tend à se répandre, dans le nord, partout où il devient possible de lui donner les conditions de soin et d'alimentation qui lui sont nécessaires. Cette race n'est pas non plus sans qualités pour la boucherie, et je la placerais au premier rang parmi les nôtres.

Les cinq départements de la péninsule de Bretagne figurent parmi les points de la France et du monde qui possèdent le plus de bûtes bovines. On n'y compte pas moins de 1,500,000 têtes sur une superficie totale de 3 millions et demi d'hectares, soit près d'une tête par deux hectares. La Normandie et l'Angleterre n'en ont pas autant ; il est vrai que, pour la grosseur et le produit, une tête bovine bretonne est tout au plus la moitié d'une normande ou d'une anglaise : 34 animaux de cette catégorie figuraient à l'exposition, preuve de l'intérêt qui commence à s'y attacher. Pendant longtemps, elle a été dédaignée, à cause de sa petite taille ; mais depuis que des idées plus justes en zootechnie se sont répandues, on a ouvert les yeux sur sa valeur, et on peut dire maintenant qu'elle est à la mode. Toutes les bêtes exposées ne venaient pas de Bretagne, ce qui montre que la race attire, hors de son pays natal, l'attention des hommes spéciaux et des gens du monde. Qui ne connaît et n'aime ces jolies bêtes, au pelage noir et blanc, aux jambes et à la tête fines, à l'air doux et intelligent ?

Cette petite race est par excellence celle des landes arides ; elle trouve le moyen de vivre et de pulluler où les autres mourraient de faim. Les vaches sont peut-être celles qui donnent le plus de lait relativement à la quantité de nourriture consommée, et ce lait est excellent, surtout pour le beurre. Le beurre de Bretagne a depuis longtemps une réputation faite. À ces qualités déjà connues est venue depuis peu s'en ajouter une qu'on ne soupçonnait pas à cette race : on a découvert qu'en la plaçant dans de meilleurs pâturages, en lui donnant une nourriture plus choisie, elle engraissait rapidement, et finissait par faire à peu de frais des bœufs de boucherie, d'un rendement extraordinaire et d'une exquise qualité. Dès ce moment, sa fortune a été faite, tout le monde en a voulu, et le prix de ces petits animaux a doublé dans les lieux de production. Outre ses mérites comme race pure, elle a celui de se prêter sans difficulté à tous les genres de croisement ; elle s'unit à merveille avec la race d'Ayr et celle de Durham. L'école d'agriculture de Grand-Jouan (Seine-Inférieure) avait exposé des échantillons vraiment admirables de ces deux croisements ; le dernier surtout parait avoir un succès exceptionnel.

Un peu au sud de la péninsule bretonne, et séparée d'elle par la Loire, mais unie encore par de grandes conformités de sol et de climat, se trouve l'ancienne Vendée. Là s'est développée une autre race dont les types principaux portent les noms de Chollet (Maine-et-Loire) et de Parthenay (Deux-Sèvres). C'est une de celles qui fournissent le plus de bœufs gras à Paris ; elle vient, sous ce rapport, immédiatement après la mancelle, comme la mancelle après la normande. Chollet est plutôt le marché où les bœufs se vendent, et Parthenay le centre du pays où ils s'élèvent. Ils sont d'une taille moyenne, faciles à engraisser, et leur viande est d'une qualité excellente. Ils étaient représentés à l'exposition par 12 animaux de pur sang. L'un des prix a été obtenu par le supérieur du monastère de la Trappe, à Meilleraye (Loire-Inférieure), où l'on se livre avec grand succès à l'élève du gros bétail. Là comme à la Grande-Chartreuse et chez les trappistes de Staouéli, en Afrique, on aime à voir reprendre la tradition des anciennes abbayes, qui, en France comme partout, ont rendu de si grands services à l'agriculture.

La race de Parthenay a des partisans fanatiques ; il est à remarquer que, parmi les nombreux essais de croisement envoyés à l'exposition, il n'y en avait aucun où elle jouât un rôle. Je ne serais pas tout à fait aussi exclusif, mais je reconnais volontiers que, dans l'immense majorité des cas actuels, il y aurait danger à y rien changer. Le patriotisme vendéen s'attache à tout, même à la couleur des animaux. Respectons ce sentiment conservateur qui sert à faire reconnaître les races pures : celle de Parthenay est brune, avec le bout des cornes noir. De toutes celles du nord-ouest, c'est la seule qui travaille ; voilà son caractère principal, celui qui doit le plus la défendre contre toute tentative de croisement. Si jamais elle cessait de travailler, ce qui viendra bien quelque jour, il n'en serait pas tout à fait de même ; mais n'essayons pas de prévoir ce temps, qui sera pour la fidèle Vendée, le pays aux traditions tenaces, aussi douloureux qu'une révolution.

La race vendéenne est la dernière de cette région : elle touche au midi. Si l'on tire une ligne droite de l'embouchure de la Charente dans l'Océan aux sources de l'Oise sur la frontière de Belgique, en passant par Paris, on enferme une sorte de péninsule dont la Bretagne forme la pointe, et qui contient, avec cette province et la Vendée, la Flandre, la Picardie, la Normandie, le Maine, l'Anjou et l'Ile-de-France, soit une vingtaine de départements ou le quart du territoire. Là se trouvent réunis les quatre dixièmes du bétail national, ou quatre millions de têtes, divisées entre les trois grandes familles normande, bretonne et flamande, et leurs deux annexes, la mancelle et la vendéenne ; là viennent s'engraisser, par une série de migrations, un grand nombre de bœufs d'autre origine ; là se concentrent jusqu'ici presque toutes les importations d'animaux de race étrangère, comme les durham, et presque toutes les tentatives de croisement ; là enfin s'obtient la moitié du lait et de la viande produits en France.

Toutes les autres races bovines de France sont plus ou moins employées au travail, et sont par conséquent inférieures sous les autres rapports. Les vingt départements qui forment l'angle du nord-est comprennent deux millions et demi de têtes : c'est la région la plus riche après le nord-ouest. Cette population se concentre surtout dans la partie montagneuse qui forme les dix départements des Vosges, du Haut et du Bas-Rhin, de la Haute-Saône, du Doubs, du Jura, de l'Ain, de la Côte-d'Or, de Saône-et-Loire et de l'Yonne. On la divisa en plusieurs variétés distinctes, dont les principales sont la charolaise, la lorraine et la comtoise. La lorraine, bien qu'une des plus importantes, n'était représentée que par cinq individus, mais qui ont presque tous été primés ; on remarquait surtout, deux taureaux, au pelage blanc, et rouge, déjà couronnés aux concours régionaux de Vesoul et de Besançon. La comtoise se divise en deux branches, celle de plaine, qui sert avant tout au travail, et celle de montagne, qui est principalement laitière. Cette dernière a été modifiée profondément par des croisements avec les races suisses, et n'a presque plus les caractères de la race pure, mais elle n'en vaut que mieux. Je n'ai aperçu qu'un échantillon de ce croisement, une vache venue de la haute-Saône, qui avait été primée au concours de Besançon. Je regrette qu'il n'en soit pas venu davantage. Le Jura est déjà un peu loin de Paris, mais il a maintenant un chemin de 1er qui arrive jusqu'au pied de ses montagnes. Cette partie de notre territoire mérite, le nom de Suisse française : je ne vois pas pourquoi elle ne serait pas aussi riche en beau bétail que la véritable Suisse, puisque les mêmes conditions de sol et de climat s'y rencontrent à peu près.

Dès qu'une province se trouve hors du rayon habituel de l'approvisionnement de Paris, on dirait qu'elle cesse de nous intéresser ; aujourd'hui ce rayon s'étend : il n'était autrefois que de cinquante à soixante lieues, il arrive maintenant bien au-delà, et quand il ne s'étendrait, pas, Paris n'est pas toute la France. On consomme aussi ailleurs, quoique beaucoup moins en proportion. Ce sont aussi des Français, et de bons Français, que les habitants de l'est. Moins avancée que dans la région du nord-ouest, par suite de causes anciennes, la culture y est en progrès. À mesure que le travail des chevaux s'étend et que les cultures fourragères s'accroissent, la race comtoise peut faire, tout comme les autres, de grands pas comme race de boucherie ; quant à la variété laitière, ce n'est pas non plus un intérêt à négliger, car elle sert en grand à la fabrication du fromage, et le fromage n'est pas moins que la viande un élément important de la nourriture des peuples.

De toutes les races de l'est, la plus connue à Paris, parce qu'elle arrive sur ses marchés, est la charolaise, ainsi nommée de l'ancien comté de Charolles, qui était autrefois le premier des états de Bourgogne, et qui donnait son nom aux héritiers du duché. Cette race a pris en effet naissance dans le Charolais, où son développement a été favorisé par le voisinage du marché de Lyon ; mais elle s'est maintenant étendue à tous les pays voisins, comme le Nivernais et une partie du Berry, et elle couvre autant de départements que la cotentine. Elle est blanche, de grande taille et d'une constitution vigoureuse. C'était d'abord une race de travail ; depuis quelque temps, de nouveaux débouchés s'étant ouverts par le perfectionnement des communications, elle a pris un essor remarquable pour la boucherie. Cette région n'envoyait pas autrefois de bétail gras à Paris ; aujourd'hui elle en fournit presque autant que la Normandie elle-même. Il en est résulté ce qui arrive en pareil cas, la race tend à se dédoubler. Une moitié reste affectée principalement au travail, l'autre ne travaille presque plus, et tend surtout vers les qualités de précocité et de rendement qui donnent le plus de viande. Sous ce rapport, la race charolaise avait des dispositions naturelles que l'art des éleveurs s'est attaché à perfectionner.

Au point où ils sont aujourd'hui parvenus, grâce à des soins intelligents et persévérants, les charolais élevés exclusivement pour la boucherie serrent de près les races anglaises. M. Louis Massé, du Cher, le plus ancien et le plus habile de ceux qui ont entrepris cette tâche, avait exposé un taureau et une vache de race pure, très semblables à des durham ; le taureau n'a pas été primé, je ne sais pourquoi, mais la vache a eu le premier prix des femelles. C'est M. le comte de Bouillé (Nièvre.) qui a eu le premier prix des mâles pour un taureau fort beau aussi, mais peut-être un peu moins parfait de formes. De tous les animaux de race française présents à l'exposition, ceux de M. Massé s'approchaient le plus du type idéal du bœuf de boucherie. Je ne veux pas dire par là qu'il n'y ait absolument aucun profit à croiser, quand on est dans des conditions convenables ; le beau durham-charolais exposé par M. de Béhague, et qui a eu le second prix des croisements, prouverait au besoin le contraire ; mais je constate avec plaisir que ce n'est pas nécessaire, et que les charolais présentent par eux-mêmes de grandes ressources. En agriculture comme en tout, un résultat médiocre obtenu en grand vaut mieux qu'un résultat supérieur obtenu en petit. N'oublions pas que la race charolaise, qui alimente à la fois les deux plus grands marchés de France, Paris et Lyon, avec les populations intermédiaires, doit produire tous les ans environ 50,000 bœufs gras, ou le dixième de la France entière. Le département, de Saône-et-Loire, qui est le point de départ de la race, est un des plus riches de France, peut-être le plus riche, en gros bétail.

La race charolaise a d'ailleurs cet avantage, qu'étant connue, nombreuse, toute portée, elle tend plus sûrement à absorber les variétés locales qui lui sont, inférieures. Il y avait autrefois dans les montagnes du Morvan une petite espèce de bœuf de travail d'une énergie particulière, qui servait à des transports de bois par des chemins affreux ; cette race n'a pas encore tout à fait disparu, mais elle n'a plus la même raison d'être, depuis que les communications se sont améliorées. La charolaise tend à la remplacer, comme plus productive. Toutes les autres variétés du Bourbonnais et de la Bourgogne se fondent plus ou moins dans le même type, ce qui n'arriverait pas aussi vite, s'il s'agissait d'une espèce étrangère.

Si de l'est nous passons au centre, nous trouvons encore une réduction dans l'effectif. Cette région ne contient plus que 2 millions de têtes sur une superficie égale à celle qui en nourrit/i dans le nord-ouest, et 2 et demi dans l'est ; la nature de son sol et de son climat est cependant des plus favorables au gros bétail ; mais ici les causes économiques ont agi avec une puissance funeste. Si nous avons dans la Flandre, la Normandie, la Picardie, l'Ile-de-France, l'analogue des contrées les plus riches de l'Europe, nous avons dans les provinces du centre l'analogue des plus pauvres. Le quart de cette immense surface reste inculte et couvert de bruyères ; les trois autres sont misérablement cultivés. La terre vaut en moyenne 500 fr. l'hectare, et à ce prix elle est payée le plus souvent trop cher, non pas à cause de sa valeur propre, mais de l'état où elle est. La population, bien que peu nombreuse, car on n'y compte qu'une tête humaine par 2 hectares, et bien que composée en partie de petits propriétaires, vit dans un affreux état de misère, qui la force à demander à l'émigration des ressources supplémentaires et encore insuffisantes. D'où vient cette triste condition de tout un quart de la France, tandis qu'en Angleterre des régions absolument analogues, comme les comtés de Devon, de Nottingham, de Derby, les *lowlands* d'Ecosse, et en France même le Cotentin et une partie de la Bretagne, sont dans la situation la plus florissante ? De plusieurs causes qu'il serait trop long d'énumérer, mais dont la principale est le défaut séculaire de communications. Le centre n'a pas, comme le nord et le midi, un magnifique développement de côtes, de larges fleuves et de vastes plaines ; situé loin de la mer, il ne possède pas une rivière navigable, et sa plus grande partie est hérissée de montagnes naturellement impraticables. Les hommes l'ont encore plus maltraité que la nature ; pendant que le reste du territoire se couvrait de routes, de canaux, de chemins de fer, il est resté délaissé ; il a payé pendant des siècles des impôts dont il ne profitait pas ; chacune de ces vallées a été jusqu'à nos jours comme un monde à part où rien n'arrivait du dehors, et qui n'entendait parler du gouvernement central que pour lui payer tribut.

Ce déplorable abandon, qui a fait de cette région l'Irlande de la France, cesse un peu, mais il faudrait des efforts qu'on ne fait pas pour réparer complètement les torts du passé. L'amélioration marche pas à pas. Un chemin de fer vient à peine d'arriver jusqu'à Clermont ; un autre parviendra l'année prochaine jusqu'à Limoges, un troisième promet de traverser le Cantal et de joindre Clermont à Périgueux ; quelques autres embranchements se préparent, on parle d'une ligne transversale de Limoges à Moulins, et de communications directes avec l'Océan, les Pyrénées et la Méditerranée : projets utiles, nécessaires, et que commande impérieusement le moindre sentiment de justice distributive, mais tardifs, d'une exécution difficile, et qui prendront probablement bien des années avant de s'accomplir, tandis que le nord est sillonné de chemins de fer, et qu'ils commencent à traverser le midi. Les autres voies de communication ne vont pas beaucoup plus vite, réduites pour la plupart aux pauvres ressources des départements ; l'impôt central continue à épuiser le pays sans lui rien rendre.

C'est l'espèce bovine qui a sauvé cette région d'une ruine totale. N'ayant pas et ne pouvant pas avoir d'industrie, faute de moyens de transport, car tous les autres éléments d'un grand développement industriel s'y trouvent, la partie montagneuse a dû avoir recours à la seule production qui, se transportant d'elle-même, pût se passer de communications perfectionnées. On sait d'ailleurs que l'air et le sol des montagnes sont presque aussi avantageux à l'espèce bovine que les rives humides de l'Océan. Bien qu'infiniment moins nombreuse qu'elle ne pourrait l'être, la production du bétail est la première et presque la seule richesse de cette partie. Trois races principales s'y sont formées de longue main, toutes trois fort différentes de celles du nord et réunies par le programme dans une seule catégorie sous le nom commun de *races de montagne*, celle de l'Auvergne, dont le plus beau type est originaire de la petite ville de Salers, celle du Limousin, et celle de l'Aveyron.

Les trois départements du Puy-de-Dôme, du Cantal et de la Haute-Loire nourrissent environ 500,000 têtes de bétail, presque toutes réparties sur les montagnes volcaniques qui les traversent dans tous les sens et dont les principaux pics s'élèvent a près de 2,000 mètres au-dessus du niveau de la mer. Les cimes des Alpes et des Pyrénées dépassent seules, en France, ces hauteurs. C'est la portion la plus riche en bétail : si le reste en avait autant en proportion, le centre n'aurait presque rien à envier à la Normandie. La race d'Auvergne est pour le moment une de nos plus précieuses. Ce n'est pourtant pas la spécialité qui la distingue : elle sert à la fois au travail, à la laiterie et à la boucherie ; mais c'est précisément cette absence de spécialité qui fait sa valeur, parce qu'elle répond à des besoins anciens et profonds. La Haute-Auvergne, produisant peu de céréales, emploie peu de bœufs de travail ; elle a aussi très peu de ressources pour l'engraissement, tandis que ses pâturages produisent naturellement un lait nourrissant et fortement chargé de caséum. En même temps s'étendent au pied de ses montagnes des régions que la nature a peu douées de pâturages, et qui, dans l'état de leur culture, ont besoin de faire venir d'ailleurs leurs bœufs de charrue. Un peu plus loin, en se rapprochant de la mer, reparaissent des pâturages propres à l'engraissement, avec des cultures meilleures et des débouchés plus sûrs pour la viande grasse. De là tout un système, organisé depuis des siècles et parfaitement lié dans toutes ses parties.

L'Auvergne nourrit principalement des vaches ; quand les veaux naissent, on en sacrifie un sur deux, ce qui permet d'utiliser la moitié du lait ; avec ce lait, on fait des fromages bien connus en France ; puis, quand les veaux sont grands, on garde les femelles pour remplacer les mères, avec le petit nombre de taureaux nécessaire, et on vend les autres mâles après les avoir châtrés. Ceux-là vont traîner la charrue dans les provinces voisines qui ne font pas d'élèves ; puis, quand ils ont atteint l'âge de sept ou huit ans, ils sont revendus aux herbagers de l'ouest, qui les engraissent pour Paris. De leur naissance à leur mort, ils parcourent ainsi un demi-cercle d'environ deux cents lieues. Je ne crois pas que ce commerce puisse durer toujours sans modification ; il repose tout entier sur la demande de bœufs de travail pour la région intermédiaire. Si jamais la culture fait assez de progrès dans cette région pour amener le remplacement des bœufs par les chevaux, et si l'extension des cultures fourragères lui permet de produire elle-même ses bêtes bovines, tout s'écroule ; mais nous sommes encore loin de ce moment, et en attendant, la demande de jeunes bœufs de travail ne cesse pas. Une autre cause peut aussi tout bouleverser : c'est le cas où le producteur auvergnat trouverait de lui-même plus de profit à faire du fromage avec tout son lait qu'à élever des veaux. Cette dernière cause est peut-être la plus probable, surtout si l'on s'attache à perfectionner les procédés grossiers actuellement suivis pour la confection du fromage ; la race deviendrait alors exclusivement laitière, et elle subirait des transformations destinées à la rendre plus productive dans ce sens. Il n'en est rien encore. Tant que ces nouveaux besoins ne se seront pas produits, elle continuera à être exploitée sous le triple point de vue du travail, de la laiterie, de la boucherie ; c'est ainsi qu'il faut la juger dans son état actuel, et il est juste de reconnaître qu'elle y répond admirablement. Les animaux qui passent leur jeunesse sur ces montagnes y puisent une vigueur qui les rend propres à tout. Il y avait à l'exposition cinq échantillons de la race de Salers ; son pelage est rouge et sa taille forte.

Les montagnes du Limousin sont moins élevées que celles d'Auvergne ; l'air y est moins vif, le climat moins humide, le sol moins propre à la végétation de l'herbe sur les hauteurs. En revanche, les bas-fonds abondent en excellentes prairies qu'arrosent d'innombrables sources, et la terre s'y prête davantage à la culture des racines et des plantes fourragères. L'espèce bovine s'y trouve donc dans des conditions un peu différentes, mais qui ne seraient point inférieures en somme, sans deux circonstances fâcheuses, nées toutes deux de l'absence de débouchés : l'une est une culture de céréales beaucoup trop étendue pour la nature du sol, l'autre l'emploi presque général des vaches pour le travail. De là une diminution sensible, soit dans le nombre des bêtes bovines, soit dans leurs produits.

Les trois départements que peuple la race limousine, la Haute-Vienne, la Creuse et la Corrèze, contiennent environ 400,000 têtes, c'est-à-dire un cinquième de moins que les trois départements auvergnats. De plus, la race est plus petite, moins vigoureuse, nullement laitière, suite inévitable de l'excès de travail et de l'insuffisance de nourriture. Elle rachète ces défauts par une grande docilité et une bonne qualité de viande. Paris consomme à peu près tous les ans 20,000 bœufs limousins, dont les deux tiers lui arrivent directement du pays de provenance, et le reste après avoir passé par les herbages de la Vendée ou de la Normandie. C'est à peu près toute la production de la race en bœufs gras, car la contrée d'où elle vient n'est pas assez riche pour consommer beaucoup de viande, surtout de la viande de bœuf. Les limousins sont estimés sur le marché de Paris ; ils étaient représentés à l'exposition par dix animaux dont un taureau qui a eu le prix, même sur les *salers*. Leur pelage est couleur de blé.

À mon avis, rien n'est plus facile que de doubler ou de tripler la production de la viande en Limousin, même sans rien changer à la race. Il suffit de multiplier les irrigations, qui sont déjà parfaitement entendues, de mieux soigner les prés et surtout les pacages, qui sont en général abandonnés aux mauvaises herbes et aux eaux croupissantes, d'améliorer par des sarclages et autres soins le pâturage des terres incultes, d'étendre, considérablement la culture des racines et surtout des turneps, connue et pratiquée depuis un temps immémorial, de réduire le plus possible aux meilleures terres la culture des céréales, de diminuer d'autant le travail des bêtes et surtout des vaches, de mieux nourrir les élèves dans le jeune âge et de les faire moins vieillir sous le joug, enfin de s'attacher à bien choisir les reproducteurs qui présentent les formes les plus rondes et la peau la plus souple. Tout cela se fait déjà peu à peu et se fera naturellement de plus en plus, à mesure que la demande de viande pénétrera plus profondément.

Parmi les croisements possibles, il en est quelques-uns assez en faveur dans le pays, qui ne me paraissent pas très bien entendus ; ici est entre autres le mélange avec la race agenaise, dont la limousine n'est originairement qu'une variété, et qui a conservé plus de taille et de vigueur, mais qui consomme davantage et qui a moins de finesse. La séduction de la taille est si grande, que beaucoup d'éleveurs s'y laissent prendre, et je ne suis pas bien convaincu que la plupart des limousins envoyés à l'exposition n'eussent plus ou moins de sang agenais. Pour mon compte, j'aime mieux la race pure, comme plus appropriée au sol et plus avantageuse pour la boucherie. J'en dirai autant du croisement avec les salers et même avec les charolais ; les salers sont encore trop grands, et la viande des charolais est inférieure ; je préférerais le mélange avec la race de Parlhenay, et, — quand on peut augmenter l'alimentation et supprimer le travail, — avec les races anglaises, comme le devon ou le durham.

Il n'est pas de pays en France plus propice que le Limousin à l'imitation de la culture anglaise ; il n'en est pas où l'emploi de quelques capitaux dans la culture puisse porter des fruits plus lucratifs et plus sûrs. Ajoutons que c'est au jugement d'Arthur Young, qui s'y connaissait, la contrée la plus pittoresque de France. « Je ne crois pas, dit-il, qu'il y ait quelque chose d'aussi charmant en Angleterre ou en Irlande. Ce n'est pas seulement une belle perspective qui s'offre de temps en temps aux yeux du voyageur, c'est une succession continuelle de paysages qui seraient célèbres en Angleterre et sans cesse visités par les curieux. Quelques endroits d'une beauté singulière me retinrent en extase. Partout de fraîches prairies, partout de clairs ruisseaux, dont les eaux, arrêtées par des chaussées, font une multitude de petits lacs d'un effet délicieux ; partout des montagnes boisées formant le fond de la scène. *Pour faire de chaque site un superbe jardin, il suffirait de le nettoyer.* » En Angleterre, un pareil pays serait couvert de parcs et de châteaux, tandis qu'on n'y rencontre guère que de pauvres villages assez semblables à ceux de la Grande-Kabylie.

Je connais moins la race de l'Aveyron, qui tire son nom de l'ancienne abbaye d'Aubrac, et qui n'était représentée à l'exposition que par quatre bêtes, dont une a eu le premier prix des femelles parmi les races de montagne. On la dit bonne à la fois, comme les salers, pour le travail, la laiterie et la boucherie, ce qui veut dire apparemment que, comme les salers, elle n'excelle dans aucune spécialité, mais les réunit toutes trois suffisamment pour donner en somme un bon produit. Celle-là aussi doit convenir tout à fait aux besoins actuels du pays qu'elle habite, et ce serait grand dommage d'y toucher sans nécessité pour satisfaire au principe théorique de la *spécialisation* des animaux. Je fais des vœux seulement pour qu'elle se multiplie, car elle est encore peu nombreuse, et les départements voisins de l'Aveyron, comme le Lot, la Lozère, l'Ardèche, ne possèdent que bien peu de gros bétail. Cette partie des montagnes du centre est de beaucoup celle qui en a le moins, sans doute parce qu'elle était la plus isolée, la plus éloignée des débouchés, et que le climat, plus méridional, commence à être plus sec, moins favorable à la pousse de l'herbe. Puisqu'elle a à sa portée une race satisfaisante, il est bien à désirer qu'elle en profite pour augmenter sa production. La race d'Aubrac est petite et trapue ; son pelage est d'un gris foncé.

Outre sa partie montagneuse proprement dite, la région du centre contient encore le Berry, le Forez, le Poitou, l'Angoumois et le Périgord : la population bovine de ces provinces est rare, et elle n'a rien d'original ; nous avons vu qu'on y fait peu d'élèves, et que ses bœufs de travail sont presque tous nés dans les montagnes voisines.

Vient enfin la quatrième région, le midi ; celle-là possède encore moins de bétail que le centre, puisque ses vingt départements ne contiennent en tout que 1,500,000 têtes, et la production en viande et en lait y est encore moins importante en proportion. On sait que l'usage dans le midi est de se servir très peu de beurre pour la préparation des aliments, et de le remplacer par la graisse et l'huile ; on y consomme aussi peu de lait proprement dit, les paysans n'en ont pas l'habitude, ils le remplacent par du vin. Ces différences dans la consommation ont été d'abord des effets, et ont fini par devenir des causes. La demande a commencé par se régler sur l'offre, l'offre s'est ensuite limitée sur la demande. En fait de viande, on mange plus habituellement de la volaille, qui est un des produits les plus abondants et les plus spontanés ; du mouton, qui, ayant moins de volume, se débite plus aisément ; du porc, qui se conserve par la salaison ; et, ce qui est plus grave, on consomme moins de viande sous toutes les formes, d'abord parce que la population est moins nombreuse, ensuite parce qu'elle est moins riche, enfin parce que le besoin d'une nourriture animale est moindre dans les pays chauds. On jugera de ce qu'était dans le midi la demande de viande de bœuf par les prix qu'elle atteignait il y a quelques années. À Toulouse, elle se vendait sur l'état 85 centimes le kilo, après avoir acquitté les droits d'entrée, les frais de tout genre et les bénéfices de boucher ; à Bayonne, 66 centimes seulement. Ces prix, dans l'intérieur des villes, supposent pour le producteur une moyenne de 50 centimes. Il est bien évident qu'à ce taux il n'y avait aucun avantage à en faire.

Quand même l'intérêt eût été plus grand, l'entreprise en elle-même était difficile. Le climat est un sérieux obstacle, non pas également partout, mais sur beaucoup de points. À mesure qu'on avance vers l'ouest, dans le midi comme dans le nord, l'air est plus humide et plus favorable à la production du bétail. Les départements riverains de l'Océan, comme la Gironde, les Landes, les Basses-Pyrénées, ceux qui forment la riche vallée de la Garonne, ceux qui s'échelonnent sur la pente des Pyrénées peuvent encore produire assez facilement les végétaux nécessaires ; mais dès qu'on arrive sur les bords du Rhône et de la Méditerranée, la sécheresse devient excessive. Les dix départements qui vont des Pyrénées-Orientales au Var peuvent figurer parmi les pays du monde les plus pauvres en gros bétail, et sur ces dix il en est quatre, les Bouches-du-Rhône, le Gard, l'Hérault et Vaucluse, dont on peut presque dire qu'ils n'en ont pas du tout ; ce n'est rien moins que la moitié de la région à soustraire, on ne peut compter que sur l'autre.

Dans cette moitié elle-même, les circonstances locales ne sont pas toujours bonnes ; les variétés y sont nombreuses et inégales, bien que pouvant être ramenées à un type commun. La plus belle est celle dite *agenaise*, parce qu'elle s'est développée dans les fertiles plaines de l'Agenais, et sans contredit, grâce à la riche alimentation qu'elle reçoit, c'est une des plus grandes, des plus fortes et des plus massives de France. Puis vient la *gasconne*, nourrie sur les coteaux du Gers, et par conséquent moins puissante ; la *bazandaise*, plus petite encore, parce qu'elle approche des Landes, mais mieux faite pour la boucherie ; la *landaise* proprement dite, qui a quelque rapport avec celle du Morvan ; la *béarnaise*, qui peuple les pâturages des Pyrénées de l'ouest, etc. Toutes sont des races de travail, énergiques, peu laitières, peu propres à l'engraissement. Il en est à qui peut justement s'appliquer cette boutade spirituelle d'un de nos agronomes : « Nous excellons à produire des bœufs de course et des chevaux de boucherie. » Ce sont en effet de véritables bœufs de course que quelques-uns de ces agiles animaux des Landes et des Pyrénées, qui prennent le trot comme des chevaux, et qui, dans les jeux populaires du pays, luttent de légèreté avec les jeunes *écarteurs*.

Maintenant que la demande devient plus active par l'ouverture des chemins de fer, quelques-unes de ces variétés peuvent être développées au point de vue de la viande ; d'autres, comme la béarnaise, ont des qualités laitières ; mais en règle générale elles sont plus propres à donner de la force. La nature du travail l'exige aussi bien que le climat. Les terres du midi sont plus dures à remuer que celles du nord, et le travail y est plus pénible à cause de la chaleur.

Une des meilleures solutions de la difficulté, tant que la nécessité du travail subsistera, serait la distinction en deux classes, les bêtes de travail et celles de rente. Si cette distinction s'établit, le sud-ouest peut produire, en étendant ses cultures fourragères, plus de viande et de lait ; sinon il restera toujours en arrière. Les animaux envoyés au concours étaient à deux fins ; je ne crois pas que ce soit la meilleure direction à suivre, J'admets cependant qu'elle vaut mieux que rien, elle est peut-être jusqu'ici la seule possible. Tout le midi n'était représenté que par onze animaux, dont trois venus de Limoges.

Après les bœufs, les moutons. Ceux-ci forment en effet le second capital de l'agriculture, et sur beaucoup de points leur importance égale ou dépasse celle du gros bétail. La supériorité des Anglais sur nous est ici plus marquée ; ils possèdent trois fois plus de moutons en proportion et d'une bien plus grande valeur moyenne. Il ne faut pas croire cependant que nous soyons tout à fait dépourvus. La répartition de la population ovine sur notre sol est beaucoup plus égale que celle de la race bovine ; chaque région possède à peu près son contingent numérique, mais il y a moutons et moutons, et ceux du nord l'emportent beaucoup sur ceux du centre et du midi. Cet utile animal se trouve à la fois au point de départ et au point culminant de l'agriculture. L'exposition contenait 600 béliers ou brebis, ce qui formait un assez beau troupeau, dont un quart environ en espèces étrangères. Comme pour les bœufs, les principaux types étaient seuls représentés. Il était venu de Prusse un bélier et cinq brebis de la célèbre race mérine de Saxe, qui produit une laine si estimée ; il était venu aussi des mérinos d'Angleterre, descendus pour la plupart du troupeau importé en 1806 par George III et lord Somerville, mais si les saxons ont paru à la hauteur de leur réputation, les autres étaient bien inférieurs à nos mérinos. Les Anglais ont largement pris leur revanche avec leurs races nationales ; ils avaient envoyé une quarantaine de *dishleys*, une vingtaine de *south-downs* et autant de *costwolds*. Jamais la puissance de l'homme sur la nature vivante n'a été plus visible que dans ces merveilleux animaux, pétris à volonté comme l'argile. J'ai dit ici par quels procédés l'illustre Bakewell avait fait de ses moutons ce qu'il avait voulu, et comment son exemple avait été suivi par ses compatriotes. Ceux qui en doutaient ont pu se convaincre par eux-mêmes de la vérité de mes assenions. Les dishleys de M. Creswell et de M. Kingdon, les south-downs de M. Jonas Webb et de M. Rigden, les costwolds de M. Beale Browne et de M. Ruck étaient véritablement incomparables. Il y avait un bélier costwold d'un an, un des plus beaux animaux que j'aie jamais vu ; entre le poids de ce bélier et celui d'une vache bretonne, la différence ne doit pas être bien sensible. Cette race de costwold est une des plus nouvellement perfectionnées, et elle promet de dépasser toutes les autres. Il devient impossible de prévoir où s'arrêtera chez nos voisins cette refonte systématique de l'espèce ovine.

Comme pour les bœufs durham et les vaches d'Ayr, nous possédons maintenant en France un assez grand nombre de sujets de ces races artificielles pour espérer de les naturaliser. M. Allier, directeur de Petit-Bourg, qui parait s'être donné la mission d'importer en France ce qu'il y a de mieux ailleurs, et qu'un grand nombre de prix ont récompensé de ses efforts, avait exposé des dishleys, des costwolds et des south-downs achetés chez les premiers éleveurs d'Angleterre, et d'autres nés chez lui. On pouvait compter en tout une centaine de béliers ou brebis de race pure appartenant à des Français, sans compter ceux qui composent la bergerie nationale de Montcavrel (Pas-de-Calais), dont les produits, vendus tous les ans aux enchères, commencent à être recherchés par nos éleveurs.

Parmi nos races nationales, la première place était occupée de plein droit par les mérinos, qui comptaient près de 200 têtes, tous issus, de près ou de loin, de la belle race formée dans la bergerie de Rambouillet. Cette bergerie existe maintenant depuis trois quarts de siècle ; la richesse qui en est sortie est incalculable. Tous les pays voisins, et en particulier la Brie et la Beauce, doivent leur prospérité agricole à ces mérinos ; les départements de Seine-et-Marne, Seine-et-Oise, Oise, Aisne, Eure-et-Loir, en possèdent 4 millions de têtes sur 3 millions d'hectares. Ce n'est pas encore autant qu'en Angleterre, mais pour nous c'est beaucoup. Les principaux animaux primés venaient de l'Aisne, d'Eure-et-Loir, de la Côte-d'Or, qui rivalise maintenant avec les pays plus rapprochés de Rambouillet On peut dire, et je le crois pour mon compte, que la richesse produite eût été plus grande encore, si, au lieu de s'attacher principalement à la laine, on s'était attaché à la viande, comme en Angleterre ; mais au temps où s'est formée la race de Rambouillet, la laine fine était plus demandée que la viande en France. On peut s'en assurer en comparant le prix de l'une et de l'autre à cette époque. Maintenant que la demande de viande s'est accrue, et que celle de la laine fine a plutôt diminué, les conditions changent ; mais la bergerie de Rambouillet n'en a pas moins l'honneur d'une création qui rivalise presque avec celle de Bakewell, quoique destinée à rendre d'autres services. On n'a qu'à comparer le mérinos pur, tel qu'il a été importé d'Espagne, à celui de Rambouillet, pour voir le progrès accompli en taille et en laine.

C'est encore une variété de la même race que celle à laine soyeuse, dite de Mauchamp, produit d'un accident habilement exploité, et qui montre une fois de plus ce qu'on peut obtenir avec quelque persévérance.

Le programme confondait dans une seule catégorie toutes les races françaises autres que les mérinos, et même les sous-races provenant de croisements quelconques, soit français, soit étrangers. C'est bien peu qu'une seule catégorie pour ce qui forme encore les trois quarts de nos troupeaux. À part quelques brebis berrichonnes, flamandes et picardes, nos races pures n'avaient rien donné ; leur absence était d'autant plus regrettable, que la plupart d'entre elles ne peuvent guère s'améliorer par des croisements. C'est surtout à propos de l'espèce ovine qu'il faut savoir se contenter de ce qui est possible. Parmi nos variétés indigènes, il en est beaucoup dont le mérite principal, comme pour la vache bretonne, consiste à tirer parti des plus maigres pâturages. Celles-là demandent à être examinées et primées à part. Si elles ne sont remarquables ni par la taille ni par la laine, elles ont quelquefois un mérite qu'il ne faut pas dédaigner, la qualité de la viande. Les Anglais vantent avec beaucoup de raison leurs races énormes et précoces, faites pour nourrir abondamment les populations ouvrières ; mais ils savent rendre justice au mouton du pays de Galles, qui n'est ni plus gros ni mieux fait que nos ardennais ou nos solognots : un gigot gallois se paie aussi cher qu'un gigot dishley, quoiqu'il pèse beaucoup moins. Est-ce que nous n'estimons pas, nous aussi, nos moutons dits de *présalé* ? Paris mange la meilleure viande de bœuf et de veau qui soit au monde, mais la viande de mouton y est mauvaise généralement, parce qu'elle provient de vieux mérinos. N'est-ce pas là un besoin à signaler ?

J'ai remarqué une autre lacune non moins fâcheuse, celle des brebis laitières, qui font la fortune du Rouergue et du Béarn. Le fromage de lait de brebis, dont le meilleur type vient de Roquefort (Aveyron), constitue une industrie toute nationale, qui mérite d'être connue, encouragée et répandue. J'aurais voulu enfin voir au moins rappelée par quelque chose l'espèce des moutons dits *transhumans*, qui jouent un rôle si important dans le sud-est.

Les croisements étaient mieux représentés, surtout celui des dishley avec les mérinos. Je ne sais si ce mélange est en soi parfaitement entendu, et s'il n'y a pas quelque contradiction entre la spéculation sur la laine, qui suppose la récolte successive de plusieurs toisons, et la précocité pour la boucherie, qui est le caractère principal des dishleys ; c'est une question que l'expérience ne peut manquer de résoudre, car l'ambition d'unir la viande et la laine se présente si naturellement qu'elle a tenté bon nombre d'éleveurs. À leur tête est M. Pluchet de Trappes (Seine-et-Oise), dont le troupeau sans pareil excitait à bon droit l'admiration. Il y avait aussi des dishley-normands, des dishley-flamands, des south-down-berrichons, etc. : tentatives à mon sens plus rationnelles, quoiqu'elles aient un succès moins éclatant ; mais ce qui me parait l'emporter sur tous les essais faits en France jusqu'ici, c'est la sous-race de la Charmoise (Loir-et-Cher), due au regrettable M. Malingié et entretenue avec un soin religieux par ses fils. Voilà une véritable création, tout à fait sur le modèle des races anglaises ; je ne sais si elle aura beaucoup de durée, car ce qui est abandonné en France à l'initiative individuelle, quelque résolue qu'elle puisse être, a bien des chances contre soi, mais elle mérite de durer et de prospérer, comme le plus grand exemple de l'esprit d'entreprise qui ait été donné encore parmi nous. Cette sous-race a remporté à plusieurs reprises le premier prix des moutons gras au concours de Poissy, pour des animaux arrivés à tout leur développement avant l'âge de quatorze mois ; elle commence à se répandre dans le centre, qui est son domaine naturel, car elle est sortie de brebis berrichonnes avec des béliers anglais.

Les porcs étaient peu nombreux, relativement aux autres espèces. On en comptait environ 60 en tout, dont douze appartenant à des races nationales, le reste en races anglaises. En France, comme en Angleterre, le porc n'est absolument élevé que pour sa viande ; ni le travail, ni le lait, ni la laine, ne viennent compliquer la question, *animal propter convivia natum*. Les différences de climat et de fertilité ont elles-mêmes peu d'importance, car le porc vit peu au grand air, il doit être surtout nourri à l'étable ; rien ne s'oppose donc sérieusement à l'adoption pure et simple des races anglaises par nos plus petits cultivateurs. Leur supériorité est plus manifeste encore que pour les autres espèces animales ; tout s'y trouve, la qualité comme la quantité, et quand on a vu une fois un essex, un new-leicester, un coleshill, un hampshire, il n'est plus permis d'hésiter. Autant il me parait prudent de bien étudier avant d'entreprendre un croisement quelconque pour les bœufs et les moutons, autant l'avantage me parait immédiat et évident pour les porcs, tant nos races sont encore défectueuses pour la plupart.

Ceci commence à être compris, car les prix, même pour des animaux de race anglaise, ont été généralement obtenus par des Français, bien que des éleveurs anglais eussent aussi concouru. Je ne connais pas les porcheries de la plupart de nos éleveurs primés, mais j'ai vu celle récemment construite par l'un d'eux, M. Allier, directeur de Petit-Bourg, et je puis affirmer qu'il n'y a rien de mieux en Angleterre. Il est bien à désirer que cet exemple se propage, car de toutes les spéculations agricoles il n'en est pas de plus simple, de plus sûre, de plus facile ; la viande de porc entre déjà pour un tiers dans notre alimentation nationale.

Quelques boucs et chèvres appartenant aux races d'Angora et de Cachemire figuraient à côté des moutons. C'est sans doute une louable entreprise que d'essayer de naturaliser ces élégantes espèces, mais nous avons déjà chez nous un type précieux dont on ne parle pas assez : c'est tout bonnement la chèvre laitière, l'ancienne Amalthée, qui peut bien nourrir aujourd'hui les hommes, puisqu'elle nourrissait autrefois les dieux. Ce n'est pas sans raison que les anciens avaient fait d'une corne de chèvre la corne d'abondance ; de tous les animaux domestiques, celui-là est peut-être le plus productif. Outre qu'il fournit la matière première d'une de nos industries de luxe, la ganterie, il produit en abondance des fromages recherchés. J'aurais voulu voir à l'exposition des chèvres du Mont-d'Or, près Lyon, dont on estime le produit brut annuel à 125 francs par tête. L'objection ordinaire contre la chèvre, c'est qu'elle détruit tout, mais on n'est nullement obligé à la laisser paître en liberté : celles du Mont-d'Or ne sortent jamais et elles ne s'en portent pas plus mal. Ces chèvres, bien nourries, donnent jusqu'à 600 litres de lait par an : la plupart de nos vaches n'en donnent pas autant et elles consomment beaucoup plus.

Après les chèvres venaient les lapins. Tout t le monde connaît le traité célèbre sur l'*art de se faire avec les lapins 3,000 francs de revenu* ; il faut croire que cette promesse n'est pas tout à rait illusoire, car il y avait à l'exposition trente familles de lapins dont trois ont été primées. On a raison de ne rien négliger, quand il s'agit de ce qui se mange. Je lisais, il y a quelque temps, dans un journal anglais, que l'élève des lapins était devenu, dans les environs d'Ostende, une industrie très lucrative, et que des milliers de ces animaux étaient embarqués régulièrement pour l'Angleterre. Je n'ai pas vérifié le fait. Ce qui est certain, c'est que dans tous les temps on a eu des garennes et des clapiers. Le vieil Olivier de Serres les recommandait vivement il y a deux siècles et demi. Je suis porté à croire qu'on pourrait les multiplier avec avantage. La grande objection est la mortalité, mais on peut y échapper en leur donnant plus d'air et d'espace qu'on ne le fait communément.

Une exposition d'oiseaux de basse-cour fermait la marche ; poules, canards, oies, dindons, faisans, pigeons et pintades de toute espèce, remplissaient environ cent cinquante cages. C'était encore une innovation, car dans les premiers concours on n'avait pas admis ces produits, qui, pour être modestes en apparence, n'en deviennent pas moins par leur nombre d'énormes richesses. J'estime à 200 millions par an le produit des œufs et des volailles en France, et je ne crois pas avoir exagéré. Ici seulement je regarde comme bien inutile l'importation de types étrangers. Rien dans le monde ne vaut nos volailles. Depuis quelques années, une variété nouvelle de poules dite *cochinchinoise* a fait assez de bruit, soit en France, soit en Angleterre, à cause de sa taille gigantesque ; mais peu à peu l'engouement diminue, et on revient aux anciennes races. La poule cochinchinoise peut avoir quelque mérite comme couveuse, elle peut servir à augmenter par des croisements la taille des nôtres, mais elle est mal faite, et sa chair est inférieure. On parle aussi avec éloges de la poule anglaise dite de Dorkings, du nom d'un district du comté de Surrey, dont elle est originaire. Cette variété obtient maintenant tous les prix en Angleterre, le prince Albert en avait envoyé un très bel échantillon : je ne la crois pourtant ni supérieure ni même égale à notre poule de Crèvecoeur, pas plus qu'à notre variété bressanne, à celle du Mans, à celle de Barbezieux, etc. Nous avons fait depuis longtemps pour nos volailles ce que les Anglais font maintenant pour les bœufs, les moutons et les porcs : nous les avons développées dans le sens de l'engraissement précoce et du rendement supérieur ; nous y avons ajouté la finesse, la blancheur, la saveur exquise, car en fait de goût nous sommes plus délicats, le succès universel de nos cuisiniers en est la preuve. Ce que les Anglais ont de mieux à faire, au lieu d'aller chercher des espèces extraordinaires sur les bords du Gange, en Chine ou en Malaisie, c'est d'importer nos propres espèces et nos procédés d'engraissement. Quant à nous, nous n'avons qu'à persévérer. Une seule cause contrariait chez nous le progrès de cette industrie rurale, le bas prix des produits ; elle n'existe plus.

Telle a été dans son ensemble cette belle exposition. On nous en promet de pareilles pour 1856 et 1857. C'est peut-être bien près ; il est difficile que d'ici à un an on ait à constater quelque résultat sensible. On dit que de nouveaux perfectionnements seront introduits dans le programme. Un des plus importants consisterait à obtenir des administrations de chemins de fer le transport gratuit des animaux, comme en Angleterre. Il paraît qu'on persiste à exclure du concours les chevaux, comme soulevant des passions et des querelles étrangères à la question agricole. Cette décision est regrettable ; une exposition d'étalons et de juments compléterait la série des animaux reproducteurs, et ajouterait à l'intérêt du concours. On a remarqué avec raison qu'il y avait des espèces de chevaux de trait et de travail qui tiennent de près à l'agriculture, et qui ne donnent pas lieu aux mêmes contestations que les chevaux de selle et de course. La Société royale d'agriculture d'Angleterre, qui exclut les chevaux de course, admet les chevaux de trait.

La proclamation des prix a eu lieu devant un nombreux concours d'éleveurs français et étrangers. Le héros de la journée a été un Anglais, M. Jonas Webb, dont les montons south-down avaient, aux yeux des connaisseurs, la palme du concours ; il a été couvert d'applaudissements unanimes. Le lendemain, on a procédé, aux termes du programme, à la vente des animaux. La plupart ayant été cédés à l'amiable, les prix ne sont pas généralement connus ; on dit qu'ils ont été modérés. Nos éleveurs ont pu se procurer, sans de trop grands sacrifices, des types supérieurs. Malheureusement l'état d'engraissement excessif de la plupart des animaux, surtout des Anglais, ne permet pas d'en attendre de grands services pour la reproduction. Maintenant gardons-nous de nous exagérer les effets de ces concours ; ils sont utiles sans doute ; mais, comme toute chose au monde, cette utilité a des bornes. Pouvons-nous, par exemple, en attendre à bref délai une baisse sensible, dans le prix de la viande ? Je ne le crois pas. Les causes de la cherté sont trop profondes pour céder si vite ; elles sont, comme toujours, de deux sortes : l'une physique, l'autre économique.

Les causes physiques sont la maladie des pommes de terre et les intempéries exceptionnelles de ces trois dernières années. On ne se rend pas compte suffisamment de la portée du fléau qui a frappé les pommes de terre ; on voit cependant qu'en Irlande il en est résulté la mort d'un million d'hommes et l'expatriation de deux autres millions. En France, le mal, pour être beaucoup moins grave, n'en est pas moins réel. La production annuelle des pommes de terre était évaluée à 100 millions d'hectolitres, et s'élevait probablement plus haut ; une moitié environ servait directement à la nourriture des hommes, l'autre moitié à celle des animaux. Cette ressource manque plus ou moins depuis bientôt dix ans, et n'a pas encore été remplacée. La pomme de terre entrait, soit par elle-même, soit par sa transformation en viande, pour un dixième environ dans l'alimentation nationale ; en supposant que la perte soit seulement de moitié, c'est un vingtième qui fait défaut régulièrement, et dans un pays comme le nôtre, qui produisait tout juste ce qui lui était nécessaire, un déficit d'un vingtième n'est pas à dédaigner ; c'est la nourriture de près de deux millions d'hommes.

De plus, je n'apprendrai rien à personne en disant qu'à deux reprises différentes, en 1846 et 1847 d'abord, en 1853 et 1854 ensuite, nous avons eu une température anormale et très peu favorable à la production. Deux fois en huit ans, nous avons vu une véritable disette. Comment s'étonner alors que les prix se soutiennent ? Tout le monde reconnaît qu'il y a eu un déficit sensible dans la production des céréales ; celle de la viande a diminué par la même cause. Quand les céréales manquent pour la nourriture des hommes, la portion qui sert d'ordinaire à l'engraissement des animaux est plus ou moins détournée pour parer à des besoins plus pressants. Le temps n'a pas été beaucoup plus favorable aux herbages qu'aux céréales ; l'extrême humidité du printemps de 1853 a provoqué de nombreuses épizooties, surtout parmi les moutons. Ce que nous avons perdu en moutons par la cachexie aqueuse est incalculable ; des contrées entières ont vu disparaître presque tous leurs troupeaux. On peut oublier de pareilles crises, mais leurs traces restent profondément marquées dans les faits, et il faut plusieurs années pour réparer le mal produit par une seule.

Quant aux causes économiques, elles ne sont pas moins apparentes. La première est la révolution de 1848 et la période de découragement qui l'a suivie. Ces tristes temps sont encore si près de nous, qu'il devrait être inutile de les rappeler. Au moment où la production avait à faire de grands efforts pour réparer les mauvaises années de 1846 et 1847, l'impôt extraordinaire des 45 centimes, et plus encore la baisse subite de toutes les denrées, amenée par une diminution spontanée de confiance et de consommation, ont porté, dans la culture une perturbation profonde. On a vu, sur beaucoup de points, les fermiers abandonner leurs fermes ; la plupart des propriétaires endettés ont été ruinés du coup, et la valeur des propriétés rurales a baissé de 50 pour 100. En présence de pareils faits, le mouvement naturel d'une société en progrès s'est arrêté. On a cessé presque partout de faire des avances à la culture ; on a moins bâti, moins semé, moins acheté d'engrais, moins renouvelé son mobilier aratoire et son cheptel. La plupart des bestiaux que nous mangeons aujourd'hui ont dû naître vers cette époque, où l'agriculture vivait sur son capital, et ne songeait à l'avenir que pour s'en épouvanter. Il ne faudrait pas beaucoup d'années comme celles-là pour ruiner un pays aussi riche que le nôtre.

Au moment où nous commencions à nous remettre de ces secousses, la guerre est venue, guerre légitime et héroïque sans doute, mais qui enlève beaucoup de bras à la culture et qui consomme une grande partie du capital national. Avec la meilleure volonté du monde, on ne peut pas tout faire à la fois ; quand le dixième de la population virile est sous les armes, il est impossible que son absence ne se fasse pas sentir dans les travaux productifs ; quand les épargnes du pays servent à faire des canons et des boulets, à transporter des masses d'hommes et de munitions à huit cents lieues de nos frontières, elles ne peuvent être utilement employées ailleurs.

Rien ne peut se faire en agriculture sans capitaux, et les capitaux s'éloignent aujourd'hui de la terre plus qu'ils ne s'en rapprochent, absorbés qu'ils sont par les emprunts publics que la guerre nécessite, et qui offrent un placement plus commode, en même temps qu'ils satisfont un autre intérêt national.

Il y a donc eu diminution dans la production, je n'en doute pas. Je voudrais croire qu'il y a eu plutôt, comme quelques personnes l'affirment, augmentation dans la demande ; malheureusement je ne le puis. La consommation a sensiblement augmenté à Paris et sur les autres points où se font de grands travaux publics extraordinaires ; dans l'ensemble, elle ne s'est pas accrue. Un fait incontestable le démontre : le progrès de la population s'est à peu près arrêté. De 1841 à 1845, la population avait monté en cinq ans de 1,170,000 âmes ou 234,000 par an ; de 1847 à 1851, elle n'a monté que de 415,000 ou 83,000 par an ; nous ne saurons que l'année prochaine quel aura été le progrès de 1851 à 1856, mais les résultats connus par la comparaison des naissances et des décès permettent d'affirmer qu'il ne sera pas beaucoup plus sensible.

Quelles que soient les causes, comment remédier à la cherté ? Le gouvernement a supprimé, comme on fait toujours en pareil cas, tous les droits perçus à l'entrée des denrées alimentaires. Cette mesure est excellente en soi, et il est bien à désirer qu'elle soit maintenue à tout jamais, car elle fait disparaître une illusion qui trompait l'agriculture française sur ses véritables intérêts ; mais elle n'a eu et ne pouvait avoir aucun effet sur le prix de la viande et du pain. L'approvisionnement d'une nation comme la nôtre ne peut lui venir que d'elle-même ; c'est ce qui est démontré aujourd'hui par les faits. On me permettra de rappeler que je l'avais annoncé d'avance, en 1850, en rendant compte dans cette *Revue* de la session du conseil général de l'agriculture et du commerce, dont j'avais eu l'honneur de faire partie. « il est surabondamment démontré pour nous, disais-je alors, contrairement à toutes les opinions en vogue parmi les agriculteurs, qu'il n'est au pouvoir d'aucun pays étranger d'exercer sur nos marchés une influence appréciable sur le prix de la viande. L'importation pourra satisfaire quelques besoins locaux extrêmement restreints, mais au-delà de la zone frontière, l'effet en sera complètement insensible sur l'immensité du marché national. » Ce que je disais alors, je le répète aujourd'hui, avec l'autorité d'une expérience faite dans les conditions les plus décisives, car s'il y a jamais eu avantage à introduire du bétail étranger en France, c'est aujourd'hui, à cause de la cherté.

Un remède plus efficace, le seul qui le soit véritablement, c'est le perfectionnement des communications, qui porte la demande des denrées alimentaires sur tous les points du pays et facilite partout à l'offre des moyens de se produire. Ce perfectionnement continu nous a sauvés depuis dix ans ; sans le progrès des chemins de fer et des chemins vicinaux, les crises que nous avons traversées auraient été infiniment plus graves. L'ouverture d'une nouvelle communication, même d'un simple chemin vicinal, et à plus forte raison d'une voie de fer, répare bien des maux. Ce n'est pas un des moindres fléaux de la révolution de 1848 que d'avoir paru compromettre un moment l'exécution des chemins de fer. Les principales concessions qui ont eu lieu depuis quelques années, la ligne de Lyon à Avignon, celle de Bordeaux à Cette, celle du Grand-Central avec ses embranchements, auront des conséquences inestimables pour l'agriculture, comme pour le commerce et l'industrie des contrées traversées. Quant aux chemins vicinaux, la loi de 1831 poursuit sans relâche et sans bruit son œuvre bienfaisante ; cette loi est sans comparaison ce qui a été fait de plus utile depuis un demi-siècle pour la prospérité nationale ; elle a fait dépenser un milliard en vingt-quatre ans, et il n'y en a pas eu de mieux placé.

Est-ce assez ? Oui, sans doute, si l'on ne peut pas faire davantage, mais il serait bien à désirer qu'on pût doubler, tripler même ces dépenses fécondes. Tout un ordre de voies nouvelles, les chemins ruraux, réclament impérieusement des allocations ; 10,000 kilomètres de chemins de fer sont concédés, mais 5,000 à peine sont ouverts, et ce n'est pas 10,000 kilomètres qu'il faut à la France, mais 40,000 pour être seulement arrivée au point où en est aujourd'hui l'Angleterre. Si l'on ne va pas plus vite, il ne faudra pas moins de cinquante ans pour les faire ; on parle beaucoup des chemins de fer, on ne travaille pas en proportion ; on n'a ouvert que 600 kilomètres nouveaux en 1854, et on n'en ouvrira probablement pas beaucoup plus en 1855. Nous sommes encore bien en arrière de l'Allemagne elle-même. Espérons que, quand il aura été possible de faire la paix, tous ces travaux seront poussés avec plus d'énergie. Espérons aussi que notre pays ne se passera plus la fantaisie de révolutions radicales. L'agriculture ne peut fleurir qu'à ces conditions. Les capitaux ne sont pas instinctivement attirés vers elle ; il suffit du moindre courant pour les détourner. Sa réputation n'est pas bonne sous ce rapport ; elle passe pour un gouffre qui absorbe et ne rend rien. Le public français ne sait pas bien faire la distinction entre l'argent placé en terre, qui ne rapporte en effet que 2 à 3 pour 100, et l'argent placé dans la culture, qui doit rapporter 8 ou 10. Tout a contribué à implanter sur les deux tiers de notre sol une ignorance et une pauvreté tenaces, qui résistent encore à toute amélioration, même quand les causes s'atténuent ou disparaissent. Quand on songe à ce qu'il faut de capitaux pour le moindre progrès agricole et à tous les obstacles qu'ils rencontrent, on ne s'étonne pas de la lenteur de notre marche. Même en supposant un placement à 10 pour 100, ce qui est beaucoup pour une moyenne, il ne faut pas moins de 10 milliards pour augmenter nos produits agricoles d'un cinquième, il en faut 50 pour les doubler comme en Angleterre.

On voit qu'une nation ne peut pas se proposer une œuvre plus gigantesque ; il n'en est pas non plus de plus utile. Avec le progrès agricole, tout grandit : le commerce, l'industrie, la population, la puissance ; sans lui, tout est arrêté. Le système des expositions peut contribuer à accélérer le mouvement, mais il ne peut pas le produire à lui seul. Le concours de cette année prouve du moins que l'agriculture française fait a peu près tout ce qu'elle peut dans la condition où elle se trouve, et qu'elle est prête à de nouveaux efforts, pour peu que les circonstances générales lui soient propices.

ISBN : 978-1546523987

www.ingramcontent.com/pod-product-compliance
Lightning Source LLC
Chambersburg PA
CBHW061450180526
45170CB00004B/1642